SCHRIFTEN DES RHEINISCH - WESTFÄLISCHEN INSTITUTES
FÜR INSTRUMENTELLE MATHEMATIK AN DER UNIVERSITÄT
BONN

Herausgeber: E. PESCHL, H. UNGER
Serie A, Nr. 17

Dirk Henze

Über die Menge der Minimallösungen bei linearen und
nichtlinearen Approximationsproblemen

1967

FORSCHUNGSBERICHTE DES LANDES NORDRHEIN-WESTFALEN

Nr. 1883

Herausgegeben im Auftrage des Ministerpräsidenten Heinz Kühn
von Staatssekretär Professor Dr. h. c. Dr. E. h. Leo Brandt

DK 513.88

Dr. rer. nat. Dirk Henze

Rhein.-Westf. Institut für Instrumentelle Mathematik Bonn (IIM)

Über die Menge der Minimallösungen bei linearen und nichtlinearen Approximationsproblemen

(Nr. 17 der Schriften des IIM · Serie A)

WESTDEUTSCHER VERLAG · KÖLN UND OPLADEN 1967

Diese Veröffentlichung ist zugleich Nr. 17 der Schriften des Rheinisch-Westfälischen Institutes für Instrumentelle Mathematik an der Universität Bonn (Serie A).

ISBN 978-3-322-97937-7   ISBN 978-3-322-98499-9 (eBook)
DOI 10.1007/978-3-322-98499-9

Verlags-Nr. 011883

© 1967 by Westdeutscher Verlag, Köln und Opladen

Gesamtherstellung: Westdeutscher Verlag · Printed in Germany

Inhalt

1. Das allgemeine Approximationsproblem 5
   1.1. Ein allgemeiner Einschließungssatz und hinreichende Bedingungen für Minimallösungen 5

2. Spezielle nichtlineare Approximationsprobleme 11
   2.1. Notwendige Bedingungen für Minimallösungen 12
   2.2. Charakterisierung von Minimallösungen 18
   2.3. Charakterisierung einer Menge von Minimallösungen 22

3. Über die Dimension der Menge der Minimallösungen bei der Tschebyscheff-Approximation im Raum $C_8(B)$ 25

Literaturverzeichnis 31

Einleitung

Viele Extremalprobleme bestehen darin, in einem linearen normierten Raum X zu einem gegebenen Element f den Abstand dieses Elementes von einer gegebenen Menge V zu berechnen und die Elemente aus V zu charakterisieren, die von f den kürzesten Abstand haben, wenn es solche Elemente gibt. Diese Elemente nennt man Minimallösungen des Approximationsproblems. Unter sehr allgemeinen Voraussetzungen wird zunächst eine Abschätzung des Abstandes der Menge V von f nach unten gegeben. Ohne daß die Menge V irgendwelchen Beschränkungen unterworfen ist, erhält man daraus eine hinreichende Bedingung dafür, daß ein Element von V Minimallösung ist. Sind A eine Teilmenge eines normierten Raumes und F eine Abbildung von A in X, so sei im folgenden $V := \{F(a) \in X \mid a \in A\}$. Unter gewissen Voraussetzungen über A und F werden notwendige Bedingungen für Minimallösungen angegeben, die sich unter weiteren Voraussetzungen über das Approximationsproblem auch als hinreichend erweisen. Dann wird ein hinreichendes Kriterium für die eindeutige Lösbarkeit des Approximationsproblems bewiesen. Ferner werden notwendige und hinreichende Bedingungen dafür gefunden, daß eine Teilmenge von V eine Menge von Minimallösungen ist. Noch näher untersucht wird die Struktur der Menge der Minimallösungen für die Tschebyscheff-Approximation im Raum der vektorwertigen Funktionen, deren Komponenten stetige reell- oder komplexwertige Funktionen auf einem Kompaktum sind.

1. Das allgemeine Approximationsproblem

Sei X ein linearer normierter Raum über dem Körper K der reellen oder komplexen Zahlen. Die Norm jedes Elementes $g \in X$ werde mit $\varrho(g)$ bezeichnet. Ist f ein vorgegebenes Element aus X und ist V eine Teilmenge von X, die f nicht enthält, so besteht das allgemeine Approximationsproblem darin, ein $h_0 \in V$ mit der Eigenschaft anzugeben, daß für alle $h \in V$

$$\varrho(f - h_0) \leq \varrho(f - h)$$

gilt. Ist

$$\varrho_V(f) := \inf_{h \in V} \varrho(f - h),$$

so nennt man $\varrho_V(f)$ Minimalabweichung der Menge V von f, und jedes Element der Menge

$$M(V, f) := \{h \in V \mid \varrho_V(f) = \varrho(f - h)\}$$

heißt Minimallösung für f bezüglich V.

Die Existenz von Minimallösungen ist nur unter einschränkenden Voraussetzungen über die Menge V gesichert. Nach einem Satz von G. KÖTHE [7] existieren stets Minimallösungen, wenn V konvex, abgeschlossen und schwach lokalkompakt ist. Ist V konvex, so ist die Menge der Minimallösungen konvex.

Im folgenden werde der Dualraum von X mit X^*, die Einheitssphäre von X^* mit S^* und die Menge der Extremalpunkte von S^* mit $e(S^*)$ bezeichnet.

1.1 Ein allgemeiner Einschließungssatz und hinreichende Bedingungen für Minimallösungen

Für die Minimalabweichung $\varrho_V(f)$ erhält man stets sehr einfach Abschätzungen nach oben, denn es gilt ja für jedes $h \in V$

$$\varrho_V(f) \leq \varrho(f - h).$$

Um Abschätzungen von $\varrho_V(f)$ nach unten zu erhalten, wird der folgende Einschließungssatz für die Minimalabweichung $\varrho_V(f)$ aufgestellt.

Satz 1: Sei h_0 ein festes Element aus V. Es gebe eine Teilmenge $D \subset S^*$ mit der Eigenschaft, daß es kein $h \in V$ gibt, so daß für alle $L \in D$

$$\operatorname{Re} \overline{(L(f - h_0))} \cdot L(h - h_0) > 0 \tag{1}$$

gilt. Dann ist

$$\inf_{L \in D} |L(f - h_0)| \leq \varrho_V(f) \leq \varrho(f - h_0).$$

Beweis: Ist

$$\inf_{L \in D} |L(f - h_0)| = 0,$$

so ist der Satz schon bewiesen. Ist

$$\inf_{L \in D} |L(f - h_0)| > 0,$$

so nehme man an, daß

$$\varrho_V(f) < \inf_{L \in D} |L(f - h_0)|$$

gilt. Dann gibt es eine positive Zahl α mit

$$\varrho_V(f) < \alpha < \inf_{L \in D} |L(f - h_0)|$$

und ein $h_1 \in V$ mit

$$\varrho(f - h_1) \leq \alpha.$$

Dann gilt für alle $L \in D$

$$|L(f - h_0)| \geq \inf_{L \in D} |L(f - h_0)| > \alpha \geq \varrho(f - h_1) \geq |L(f - h_1)|.$$

Also gilt für alle $L \in D$ die folgende Abschätzung

$$|L(f - h_0)| - |L(f - h_1)| > 0.$$

Damit ergibt sich für alle $L \in D$ unter Berücksichtigung der letzten Abschätzung

$$\begin{aligned}
\operatorname{Re} \overline{(L(f - h_0)} \cdot L(h_1 - h_0)) &= \operatorname{Re} \overline{(L(f - h_0)} \cdot (L(f - h_0) - L(f - h_1))) \\
&\geq |L(f - h_0)|^2 - |L(f - h_0)| \cdot |L(f - h_1)| \\
&= |L(f - h_0)| \cdot (|L(f - h_0)| - |L(f - h_1)|) \\
&> 0.
\end{aligned}$$

Für $h = h_1$ gilt also (1), was ein Widerspruch zur Voraussetzung ist.

Zusatz: Ist V ein linearer Unterraum von X, so kann man in Satz 1 die Ungleichung (1) durch

$$\operatorname{Re} \overline{(L(f - h_0)} \cdot L(h)) > 0$$

ersetzen.

Korollar 1 (R. C. Buck [1]): V sei linearer Unterraum von X. Es gebe ein Funktional aus S^* mit

$$L(h) = 0$$

für alle $h \in V$. Dann gilt

$$\varrho_V(f) \geq |L(f)|.$$

Beweis: Ist $D = \{L\}$, so folgt mit Satz 1 sofort die Behauptung.

Als Spezialfall von Satz 1 ergibt sich auch die folgende von I. Singer [20] angegebene Verallgemeinerung eines Satzes von J. de la Vallée-Poussin.

Korollar 2: V sei ein n-dimensionaler Unterraum von X. Sei h_0 ein Element aus V mit der Eigenschaft, daß es r Extremalpunkte $L_1, L_2, \ldots, L_r$ aus S^* mit $1 \leq r \leq n + 1$

für $K = R$ und $1 \leq r \leq 2n+1$ für $K = C$ und r von Null verschiedene reelle bzw. komplexe Zahlen $\alpha_1, \alpha_2, \ldots, \alpha_r$ gibt mit

$$\sum_{i=1}^{r} |\alpha_i| = 1,$$

so daß gilt:

a) $\quad \sum_{i=1}^{r} \alpha_i \cdot L_i(h) = 0 \qquad$ für alle $h \in V$

b) $\quad \operatorname{sign} \alpha_1 \cdot L_1(f - h_0) = \operatorname{sign} \alpha_i \cdot L_i(f - h_0)\, *, \qquad i = 2, 3, \ldots, r.$

Dann gilt:

$$\operatorname*{Min}_{1 \leq i \leq r} |L_i(f - h_0)| \leq \varrho_V(f).$$

Beweis: Ohne Beschränkung der Allgemeinheit kann man annehmen, daß

$$|L_i(f - h_0)| > 0, \qquad i = 1, 2, \ldots, r,$$

gilt. Aus a) und b) folgt dann

$$\sum_{i=1}^{r} |\alpha_i| \cdot \frac{\overline{L_i(f - h_0)}}{|L_i(f - h_0)|} \cdot L_i(h) = 0$$

für alle $h \in V$. Hieraus erhält man für alle $h \in V$

$$\operatorname*{Min}_{1 \leq i \leq r} \operatorname{Re} \overline{(L_i(f - h_0)} \cdot L_i(h)) \leq 0.$$

Ist $D = \{L_1, L_2, \ldots, L_r\}$, so sind die Voraussetzungen von Satz 1 erfüllt, womit das Korollar 2 bewiesen ist.

Korollar 3 (L. Collatz [4] und G. Meinardus [9]): Sei $X = C(B)$ der lineare Raum der stetigen reell- oder komplexwertigen Funktionen auf einem Kompaktum B mit der Tschebyscheff-Norm. Sei D eine Teilmenge von B mit der Eigenschaft, daß zu keinem $h \in V$ für alle $x \in D$

$$\operatorname{Re} \overline{(f(x) - h_0(x))} \cdot (h(x) - h_0(x)) > 0$$

gilt für ein festes $h_0 \in V$. Dann gilt

$$\varrho_V(f) \geq \inf_{x \in D} |f(x) - h_0(x)|.$$

Beweis: Jedem $x \in B$ werde das Punktfunktional

$$L_x(g) := g(x)$$

auf X zugeordnet. Da diese Punktfunktionale in S^* liegen, ergibt sich Korollar 3 sofort mit Satz 1.

Mit Hilfe von Satz 1 ergibt sich auch das folgende hinreichende Kriterium für Minimallösungen.

* Für $c \in K$ gelte $\operatorname{sign} c = \begin{cases} 0 & c = 0 \\ \dfrac{\bar{c}}{|c|} & c \neq 0 \end{cases}$

7

Satz 2: Es gebe eine Teilmenge $D \subset S^*$ mit

a) für alle $L \in D$ gilt $\varrho(f - h_0) = |L(f - h_0)|$
b) für alle $h \in V$ gibt es ein $L \in D$ mit

$$\operatorname{Re} \overline{(L(f - h_0)} \cdot L(h - h_0)) \leq 0, \tag{2}$$

dann ist $h_0 \in M(V, f)$.

Gilt insbesondere in (2) für $h \neq h_0$ das Ungleichheitszeichen, so ist h_0 einzige Minimallösung für f bezüglich V.

Beweis: Mit Satz 1 ergibt sich aus a) und b) sofort, daß $h_0 \in M(V, f)$ ist.
Es gelte nun in (2) für $h \neq h_0$ das Ungleichheitszeichen. Ist h_1 eine weitere Minimallösung, so gilt für alle $L \in D$

$$|L(f - h_0)| \geq |L(f - h_1)|.$$

Daraus ergibt sich

$$|L(f - h_0)|^2 \geq |L(f - h_0) + L(h_0 - h_1)|^2,$$

woraus für alle $L \in D$

$$\operatorname{Re} \overline{(L(f - h_0)} \cdot L(h_1 - h_0)) \geq \tfrac{1}{2} |L(h_1 - h_0)|^2 \geq 0$$

folgt. Also ist $h_1 = h_0$.

Bemerkung: Ist D schwach abgeschlossen, so kann man (2) in Satz 2 durch

$$\operatorname*{Min}_{L \in D} \operatorname{Re} \overline{(L(f - h_0)} \cdot L(h - h_0)) \leq 0$$

ersetzen, weil D dann schwach kompakt ist und

und
$$F_{f - h_0}(L) := L(f - h_0)$$

$$F_{h - h_0}(L) := L(h - h_0)$$

stetige lineare Funktionale auf X^* sind.

Ist $h_0 \in M(V, f)$, so gilt ohne zusätzliche Voraussetzungen über V nicht immer, daß es eine Menge $D \subset S^*$ mit a) und b) gibt, wie das folgende einfache Beispiel zeigt.
Sei $X = R^1$ mit der Norm $\varrho(g) = |g|$ für $g \in R^1$.
Dann ist $S^* = \{1, -1\}$.
Sei nun $f = 1$ und $V = \{g \in R^1 | g \geq 2\} \cup \{-1\}$.
Dann ist $h_0 = 2$ Minimallösung für f bezüglich V.

Für $h = -1$ ergibt sich

$$\operatorname*{Min}_{L = 1, -1} L(f - h_0) \cdot L(h - h_0) = (1 - 2) \cdot (-1 - 2) > 0.$$

Also kann (2) nicht für alle $h \in V$ gelten.

Beispiele zu Satz 2:

1. X sei Hilbert-Raum über K mit dem Skalarprodukt $(,)$. Gilt für alle $h \in V$

$$\operatorname{Re}(h - h_0, f - h_0) \leq 0, \tag{3}$$

so ist $h_0 \in M(V, f)$. Gilt in (3) das Ungleichheitszeichen für $h \neq h_0$, so ist h_0 einzige Minimallösung.

Ordnet man nämlich jedem $g \in S^*$ das Funktional

$$L_g(h) := (h, g)$$

auf X zu, so ergibt sich, da $X = X^*$ ist, aus der Cauchy–Schwarzschen Ungleichung, daß für $\varrho(f - h_0) > 0$

$$D \subseteq \{g_\varphi \in X \mid g_\varphi = \frac{e^{i\varphi}}{\varrho(f - h_0)}(f - h_0) \text{ und } 0 \leq \varphi \leq 2\pi\}$$

gelten muß. Ungleichung (2) in Satz 2 erhält dann die Gestalt (3).

2. Sei $X = C^k(I)$ der Raum der k-mal stetig differenzierbaren reell- oder komplexwertigen Funktionen auf dem abgeschlossenen Intervall I mit der Norm

$$\varrho(g) = \underset{0 \leq i \leq k}{\text{Max}} \; \underset{x \in I}{\text{Max}} \; |g^{(i)}(x)|.$$

Gilt für alle $h \in V$

$$\underset{(x, i) \in D}{\text{Min}} \; \text{Re} \, \overline{(f^{(i)}(x) - h_0^{(i)}(x))} \cdot (h^{(i)}(x) - h_0^{(i)}(x)) \leq 0$$

mit

$$D = \{(x, i) \in I \times \{0, 1, \ldots, k\} \mid |f^{(i)}(x) - h_0^{(i)}(x)| = \varrho(f - h_0)\},$$

so ist $h_0 \in M(V, f)$, denn alle Funktionale auf X der Form

$$L_{x, i}(g) := g^{(i)}(x)$$

mit $(x, i) \in I \times \{0, 1, \ldots, k\}$ liegen in S^*.

Ist V linearer Unterraum von X über R, so wird dieses Beispiel auch bei D. G. MOERSUND [11] angegeben.

3. Sei X der lineare Raum $C_s(B)$ aller s-dimensionalen Vektoren $g = (g_1, g_2, \ldots, g_s)$, deren Komponenten stetige reell- oder komplexwertige Funktionen auf einem Kompaktum B sind. Erklärt man für $g, h \in C_s(B)$ das Skalarprodukt

$$(g(x), h(x)) = \sum_{i=1}^{s} g_i(x) \cdot \overline{h_i(x)},$$

so sei die Norm auf $C_s(B)$ durch

$$\varrho(g) = \underset{x \in B}{\text{Max}} \; \overset{+}{\sqrt{(g(x), g(x))}}$$

definiert.

Gilt für alle $h \in V$

$$\underset{x \in D}{\text{Min Re}} \; (h(x) - h_0(x), f(x) - h_0(x)) \leq 0$$

mit

$$D = \{x \in B \mid \varrho(f - h_0) = \overset{+}{\sqrt{(f(x) - h_0(x), f(x) - h_0(x))}} \,\},$$

so ist $h_0 \in M(V, f)$.

Beweis: Sei

$$P = \{\alpha = (\alpha_1, \alpha_2, \ldots, \alpha_s) \in K^s \mid \sum_{i=1}^{s} |\alpha_i|^2 = 1\}.$$

Ordnet man jedem $(x, \alpha) \in B \times P$ das Funktional

$$L_{x,\alpha}(g) := \sum_{i=1}^{s} \alpha_i \cdot g_i(x)$$

auf $C_s(B)$ zu, so liegen die $L_{x,\alpha}$ in S^*. Wenn man noch berücksichtigt, daß aus

$$0 < \varrho(f - h_0) = |L_{x,\alpha}(f - h_0)|$$

$$L_{x,\alpha}(f - h_0) = \frac{e^{i\varphi}(f(x) - h_0(x), f(x) - h_0(x))}{\varrho(f - h_0)}$$

folgt mit geeignetem $\varphi \in [0, 2\pi]$, erhält man mit Satz 2 die Behauptung.

Bemerkung: Für $s = 1$ findet sich dieses Beispiel auch bei L. COLLATZ [4] und G. MEINARDUS [9].

4. Sei $1 \leq p < \infty$. Für festes p sei $L^p(I)$ der lineare Raum der auf einem abgeschlossenen Intervall I meßbaren reell- oder komplexwertigen in der p-ten Potenz summierbaren Funktionen. N sei der Teilraum der fast überall verschwindenden Funktionen. Dann sei $L^p(I) := L^p(I)/N$.

Mit

$$\varrho(g) = (\int_I |g(t)|^p \, dt)^{1/p}$$

für $g \in L^p(I)$ wird $L^p(I)$ ein linearer normierter Raum.

a) Seien $1 < p < \infty$, $X = L^p(I)$ und $1/p + 1/q = 1$.

Es ist $h_0 \in M(V, f)$, wenn für alle $h \in V$

$$\text{Re}\,(\int_I \overline{(f(t) - h_0(t))} \cdot |f(t) - h_0(t)|^{p-2} \cdot (h(t) - h_0(t))\, dt \leq 0$$

gilt.

Ordnet man jedem g aus der Einheitssphäre von $L^q(I)$ das Funktional

$$L_g(h) := \int_I h(t) \cdot g(t)\, dt$$

auf X zu, so folgt aus

$$0 < \varrho(f - h_0) = |L_g(f - h_0)|$$

und der Hölderschen Ungleichung, daß

$$D \subseteq \left\{ g \in S^* \mid g = \frac{e^{i\varphi} \overline{(f - h_0)} \cdot |f - h_0|^{p-2}}{(\varrho(f - h_0))^{p-1}} \quad \text{mit} \quad \varphi \in [0, 2\pi] \right\}$$

gelten muß. Mit Satz 2 folgt dann die Behauptung.

b) Sei $p = 1$. Gilt für alle $h \in V$

$$\text{Re}\,(\int_{I - E_0} (h(t) - h_0(t)) \cdot \text{sign}\,(f(t) - h_0(t))\, dt) - \int_{E_0} |h(t) - h_0(t)|\, dt \leq 0 \tag{4}$$

mit

$$E_0 = \{t \in I \mid f(t) = h_0(t)\},$$

so ist $h_0 \in M(V, f)$. Gilt in (4) für $h \neq h_0$ das Ungleichheitszeichen, so ist h_0 einzige Minimallösung.

Ist V linearer Unterraum von X, so findet sich diese Aussage auch bei J. RICE [12].
Beweis: Ordnet man jeder Funktion $g(t)$ aus $L^1(I)$, die dem Betrage nach überall 1 ist, das Funktional

$$L_g(h) := \int_I h(t) \cdot g(t)\, dt$$

zu und ist D die Menge aller dieser Funktionale L_g, für die außerdem

$$\varrho(f - h_0) = |L_g(f - h_0)|$$

gilt, so sind mit (4) die Voraussetzungen von Satz 2 erfüllt, was zu zeigen war.

Bemerkung: Ist speziell das Maß von E_0 gleich Null, so ist $h_0 \in M(V, f)$, wenn für alle $h \in V$

$$\operatorname{Re}\left(\int_I (h(t) - h_0(t)) \cdot \operatorname{sign}(f(t) - h_0(t))\, dt\right) \leq 0$$

gilt.

2. Spezielle nichtlineare Approximationsprobleme

A sei eine Teilmenge eines linearen normierten Raumes Y über K mit der Norm ϱ', und F sei eine Abbildung von A in X. Ist $f \in X \setminus F(A)$, so sei das folgende Approximationsproblem gegeben:

Man bestimme $a \in A$ mit der Eigenschaft, daß für alle $b \in A$

$$\varrho(f - F(a)) \leq \varrho(f - F(b))$$

gilt. Für alle weiteren Überlegungen gelte entweder

I_1. A sei konvex. In einer offenen Umgebung A_1 von A sei F eine Frechet-differenzierbare Abbildung von A_1 in X, das heißt, es existiert zu jedem $a \in A_1$ ein linearer Operator φ_a aus der Menge der linearen Operatoren, die Y in X abbilden, mit der Eigenschaft, daß

$$F(a + b) - F(a) = \varphi_a(b) + r_a(b)$$

gilt mit

$$\varrho(r_a(b)) = o(\varrho'(b))$$

für $\varrho'(b) \to 0$, oder es gelte

I_2. A sei offen, und $F: A \to X$ sei Frechet-differenzierbar.

Ist A eine konvexe Teilmenge von X und ist F die identische Abbildung von X auf X, so liegt das allgemeine konvexe Approximationsproblem vor, welches ja in das lineare Approximationsproblem übergeht, wenn A linearer Unterraum von X ist.

Ist speziell $Y = K^n$, so kann man $\varphi_a(b)$ in der Form

$$\sum_{i=1}^{n} b_i \frac{\partial F(a)}{\partial a_i}$$

schreiben, wobei $b = (b_1, b_2, \ldots, b_n)$ ist.

Setzt man zur Abkürzung

$$\operatorname{grad} F(a) := \left(\frac{\partial F(a)}{\partial a_1}, \frac{\partial F(a)}{\partial a_2}, \ldots, \frac{\partial F(a)}{\partial a_n}\right)$$

und

$$(c, \operatorname{grad} F(a)) := \sum_{i=1}^{n} c_i \frac{\partial F(a)}{\partial a_i},$$

so sei $W(a)$ der lineare Raum, der aus allen Linearkombinationen

$$(c, \operatorname{grad} F(a))$$

besteht. Die Dimension von $W(a)$ werde mit $d(a)$ bezeichnet. Es ist stets $d(a) \leq n$.

2.1 Notwendige Bedingungen für Minimallösungen

Im vorigen Kapitel wurden hinreichende Bedingungen für Minimallösungen angegeben, die sich im allgemeinen nicht als notwendig erwiesen. Hier werden jetzt zunächst notwendige Bedingungen für Minimallösungen hergeleitet, die sich unter weiteren Voraussetzungen über das Approximationsproblem auch als hinreichend erweisen werden.

Dazu werden zunächst die folgenden Überlegungen durchgeführt. Sei Φ eine Teilmenge von S^* mit den Eigenschaften

α) zu jedem $g \in X$ gibt es ein $L \in \Phi$ mit $\varrho(g) = L(g)$,

β) Φ sei schwach kompakt.

Eine solche Menge existiert stets, denn S^* ist schwach kompakt, und mit Hilfe des Satzes von HAHN-BANACH kann man einsehen, daß es zu jedem $g \in X$ ein $L \in S^*$ gibt mit $\varrho(g) = L(g)$. Man kann für Φ aber auch in gewissen normierten Räumen eine echte Teilmenge von S^* nehmen. Zum Beispiel genügt die schwach abgeschlossene Hülle der Extremalpunkte von S^* den Eigenschaften α) und β), denn es gibt zu jedem $g \in X$ einen Extremalpunkt $L \in S^*$ mit $L(g) = \varrho(g)$, was auch bei I. SINGER [18] gezeigt wird. Man kann aber Φ nicht als Teilmenge der Menge $e(S^*)$ der Extremalpunkte von S^* wählen, was man sich am Beispiel des R^1 sofort klarmacht.

Es gilt nun der folgende Satz.

Satz 3: Gilt I_1 und ist $F(a)$ Minimallösung für f bezüglich $F(A)$, dann gilt für alle $c \in A$

$$\underset{L \in D}{\operatorname{Min}} \operatorname{Re} \overline{L(f - F(a))} \cdot L(\varphi_a(c - a)) \leq 0$$

mit

$$D = \{L \in \Phi \mid |L(f - F(a))| = \varrho(f - F(a))\}.$$

Beweis: Angenommen, es gibt ein $b \in A$ mit

$$\underset{L \in D}{\operatorname{Min}} \operatorname{Re} \overline{L(f - F(a))} \cdot L(\varphi_a(b - a)) > 0. \tag{5}$$

Da A konvex ist, gilt für $0 < t \leq 1$

$$F(a + t(b - a)) \in F(A),$$

und definiert man für diese t

$$\delta(t) := \frac{1}{t}\left(F(a + t(b - a)) - F(a)\right) - \varphi_a(b - a),$$

so gilt ja
$$\lim_{t \to +0} \varrho(\delta(t)) = 0.$$

Sei deshalb $\delta(0)$ gleich dem Nullelement von X. Ist $t_0 > 0$ hinreichend klein, so erhält man dann aus (5) für alle $L \in D$ und $0 \leq t \leq t_0$

$$u(L, t) := \operatorname{Re} \overline{L(f - F(a))} \cdot L(\varphi_a(b - a) + \delta(t)) > 0.$$

Da $u(L, t)$ eine stetige Funktion von L auf Φ ist, gibt es eine offene Teilmenge U von Φ mit $D \subset U$ und ein $\alpha > 0$, so daß für alle t mit $0 \leq t \leq t_0$ und alle $L \in U$

$$u(L, t) \geq \alpha$$

gilt. Ferner sei für alle $t \in [0, t_0]$ und alle $L \in U$

$$|L(F(a + t(b - a)) - F(a))| \leq \tau \cdot t.$$

Jetzt erhält man für alle $L \in U$ und alle t mit

$$0 \leq t \leq \operatorname{Min}\left(t_0, \frac{\alpha}{\tau^2}\right)$$

die Abschätzung

$$\begin{aligned}
|L(f - F(a + t(b - a)))|^2 &= |L(f - F(a))|^2 + |L(F(a) - F(a + t(b - a)))|^2 \\
&\quad - 2 \operatorname{Re} \overline{L(f - F(a))} \cdot L(F(a + t(b - a)) - F(a)) \\
&\leq \varrho(f - F(a))^2 + t^2 \cdot \tau^2 - 2\alpha \cdot t \\
&\leq \varrho(f - F(a))^2 + t \cdot \alpha - 2\alpha \cdot t \\
&\leq \varrho(f - F(a))^2 - t \cdot \alpha.
\end{aligned} \tag{6}$$

Da $\Phi - U$ schwach kompakt ist, gilt

$$\beta := \varrho(f - F(a)) - \operatorname*{Max}_{L \in \Phi - U} |L(f - F(a))| > 0.$$

Ist nun $t_1 > 0$ so klein, daß für alle $t \in [0, t_1]$

$$\varrho(F(a + t(b - a)) - F(a)) \leq \frac{1}{2} \cdot \beta$$

gilt, dann erhält man für $t \in [0, t_1]$ und $L \in \Phi - U$

$$\begin{aligned}
|L(f - F(a + t(b - a)))| &\leq |L(f - F(a))| + |L(F(a + t(b - a)) - F(a))| \\
&\leq \operatorname*{Max}_{L \in \Phi - U} |L(f - F(a))| + \frac{1}{2} \cdot \beta \\
&\leq \varrho(f - F(a)) - \frac{\beta}{2}.
\end{aligned} \tag{7}$$

Aus (6) und (7) folgt für

$$t_2 = \operatorname{Min}\left(t_0, t_1, \frac{\alpha}{\tau^2}\right)$$

die Ungleichung

$$\varrho(f - F(a + t_2(b - a))) < \varrho(f - F(a)).$$

Also ist $F(a)$ nicht aus $M(F(A), f)$, was der Voraussetzung widerspricht.

Beispiel: Sei $X = C_s(B)$ der in Beispiel 3 zu Satz 2 definierte normierte Raum. Sei $F(a) \in M(F(A), f)$. Dann gilt für alle $c \in A$

$$\underset{x \in D}{\text{Min Re }} (\varphi_a(b-a, x), f(x) - F(a, x)) \leq 0$$

mit

$$D = \{x \in B |\ \varrho(f - F(a)) = \sqrt{\overline{(f(x) - F(a, x), f(x) - F(a, x))}}\ \}.$$

Ist speziell F die identische Abbildung von X auf X und ist $h_0 \in M(A, f)$, so gilt für alle $h \in A$

$$\underset{x \in D}{\text{Min Re }} (h(x) - h_0(x), f(x) - h_0(x)) \leq 0. \tag{8}$$

Ist sogar A linearer Unterraum von X, so wird (8) zu

$$\underset{x \in D}{\text{Min Re }} (h(x), f(x) - h_0(x)) \leq 0,$$

was auch bei M. G. KREIN und S. I. ZUHOVICKIJ [8] gezeigt wird.

Gilt statt I_1 die Bedingung I_2, so erhält man den folgenden

Satz 4: Gelte I_2. Sei $F(a) \in M(F(A), f)$. Dann gilt für alle $c \in Y$

$$\underset{L \in D}{\text{Min Re }} \overline{L(f - F(a))} \cdot L(\varphi_a(c)) \leq 0$$

mit

$$D = \{L \in \Phi |\ |L(f - F(a))| = \varrho(f - F(a))\}.$$

Der Beweis verläuft genauso wie der Beweis von Satz 3, nur nutzt man statt der Konvexität von A, wo mit $a, b \in A$ auch $a + t(b-a)$ für $t \in [0, 1]$ aus A ist, die Offenheit von A aus, wobei für jedes $a \in A$ und $c \in Y$ ein $t_0 > 0$ existiert, so daß für alle $t \in [0, t_0]$ $a + t \cdot c \in A$ gilt.

Satz 3 und Satz 4 kann man noch etwas verschärfen, wenn die Menge $e(S^*)$ der Extremalpunkte von S^* nicht schwach abgeschlossen ist. Dazu wird ein Hilfssatz benötigt.

Hilfssatz (G. KÖTHE [7]): E_1 und E_2 seien lokalkonvexe Räume, und f^* sei eine stetige lineare Abbildung von E_1 in E_2. Ist M eine kompakte Teilmenge von E_1, so ist jeder Extremalpunkt von $f^*(M)$ Bild eines Extremalpunktes von M.

Von jetzt ab sei stets

$$D_a := \{L \in e(S^*) |\ L(f - F(a)) = \varrho(f - F(a))\}.$$

Es gilt dann der

Satz 5: Gelte I_1. Ist $F(a) \in M(F(A), f)$, so gibt es zu jedem $c \in A$ ein $L \in D_a$ mit

$$\text{Re } L(\varphi_a(c - a)) \leq 0.$$

Beweis: Ist in Satz 3 $\Phi = S^*$, so ergibt sich, daß es zu jedem $c \in A$ ein

$$L \in M := \{L \in S^* | \varrho(f - F(a)) = L(f - F(a))\}$$

gibt mit

$$\text{Re } L(\varphi_a(c - a)) \leq 0.$$

Die Abbildung $f^* : X^* \to R$, die jedem $L \in X^*$

$$\text{Re } L(\varphi_a(c - a))$$

zuordnet, ist stetig und linear. Da M konvex und schwach kompakt ist, ist $f^*(M)$ konvex und kompakt. Dann enthält $f^*(M)$ nicht positive Extremalpunkte von $f^*(M)$, da $f^*(M)$ nicht positive Zahlen enthält. Nach dem Hilfssatz gibt es also einen Extremalpunkt L_0 von M mit

$$\operatorname{Re} L_0(\varphi_a(c-a)) \leq 0,$$

und da die Extremalpunkte von M auch Extremalpunkte von S^* sind, ist der Satz bewiesen.

Beispiel: X sei Hilbert-Raum. Ist $F(a) \in M(F(A), f)$, so gilt für alle $c \in A$

$$\operatorname{Re}(\varphi_a(c-a), f - F(a)) \leq 0.$$

Satz 6: Gelte I_2. Ist $F(a) \in M(F(A), f)$, so gibt es für jedes $c \in Y$ ein $L \in D_a$ mit

$$\operatorname{Re} L(\varphi_a(c)) \leq 0.$$

Der Beweis verläuft ebenso wie der Beweis von Satz 5, nur wird statt Satz 3 der Satz 4 ausgenutzt.

Korollar: Seien F die identische Abbildung von X auf X, A linearer Unterraum von X und $h_0 \in M(A, f)$. Dann gibt es zu jedem $h \in A$ ein

$$L \in D_{h_0} := \{L \in e(S^*) \mid L(f - h_0) = \varrho(f - h_0)\}$$

mit

$$\operatorname{Re} L(h) \leq 0.$$

Bemerkung: G. CHOQUET [3] zeigt mit den Voraussetzungen des Korollars, daß es ein $L \in D_{h_0}$ gibt mit $\operatorname{Re} L(h_0) \leq 0$.

Beispiel zu Satz 6: Sei $X = L^1(I)$ der in Beispiel 4 zu Satz 2 definierte normierte Raum. Da die Extremalpunkte von S^* die Funktionen aus $L^\infty(I)$ sind, die fast überall dem Betrage nach 1 sind, folgt aus $F(a) \in M(F(A), f)$ mit Satz 6, daß für alle $c \in Y$

$$\left| \int_{I - E_0} \varphi_a(c, t) \cdot \operatorname{sign}(f(t) - F(a, t)) \, dt \right| \leq \int_{E_0} |\varphi_a(c, t)| \, dt \tag{9}$$

gilt mit

$$E_0 = \{t \in I \mid f(t) = F(a, t)\}.$$

Anwendung des Beispiels: Sei $A \subset R^n$ offen. Ferner seien $f(x)$ und alle Funktionen aus $F(A)$ und $W(a)$ stetig. $W(a)$ erfülle die Haarsche Bedingung, das heißt, jede Funktion aus $W(a)$ habe höchstens $d(a) - 1$ Nullstellen oder verschwinde identisch. Sei $F(a) \in M(F(A), f)$. Dann interpoliert $F(a, x)$ die Funktion $f(x)$ in wenigstens $d(a)$ Punkten von I.

Beweis: Ist das Maß von E_0 positiv, so ist man fertig. Ist das Maß von E_0 aber Null, so ergibt sich aus (9) und Lemma 4.6 aus [12] die Behauptung.

Für den Spezialfall, daß A offene Teilmenge des K^n ist, läßt sich Satz 6 weiter verschärfen. Dazu werden zwei Hilfssätze benutzt.

Hilfssatz 1 (C. CARATHEODORY [2]): Jeder Punkt der konvexen Hülle einer Menge $M \subset R^m$ ist als konvexe Linearkombination von höchstens $m + 1$ Punkten von M darstellbar.

Hilfssatz 2 (H. G. EGGLESTON [5]): Eine abgeschlossene, konvexe und beschränkte Menge im R^m ist konvexe Hülle ihrer Extremalpunkte.

Satz 7: Gelte I_2. Seien $A \subset K^n$ und $F(a) \in M(F(A), f)$. Dann gibt es r mit $1 \leq r \leq d(a) + 1$ für $K = R$ $(1 \leq r \leq 2d(a) + 1$ für $K = C)$ Extremalpunkte $L_1, L_2, \ldots, L_r$ von S^* mit

$$L_i \in M := \{L \in S^* | L(f - F(a)) = \varrho(f - F(a))\}, \qquad i = 1, 2, \ldots, r,$$

und r positive Zahlen $\alpha_1, \alpha_2, \ldots, \alpha_r$ mit

$$\alpha_1 + \alpha_2 + \ldots + \alpha_r = 1,$$

so daß für alle $c \in K^n$

$$\sum_{i=1}^{r} \alpha_i \cdot L_i((c, \operatorname{grad} F(a))) = 0$$

gilt.

Beweis: Sei $g_1, g_2, \ldots, g_{d(a)}$ eine Basis von $W(a)$. Sei f^* eine Abbildung von X in den Körper $K^{d(a)}$, die jedem $L \in X^*$

$$(L(g_1), L(g_2), \ldots, L(g_{d(a)}))$$

aus $K^{d(a)}$ zuordnet. Die Abbildung ist linear und stetig, und da M schwach kompakt und konvex ist, ist $f^*(M)$ kompakt und konvex. Ferner enthält $f^*(M)$ den Nullvektor, denn sonst gibt es eine Hyperebene, die $f^*(M)$ vom Nullvektor trennt, und demnach gibt es einen Vektor $(b_1, b_2, \ldots, b_{d(a)}) \in K^{d(a)}$, so daß für alle $L \in M$

$$\operatorname{Re} L(\sum_{i=1}^{d(a)} b_i \cdot g_i) > 0$$

gelten würde. Weil aber

$$\sum_{i=1}^{d(a)} b_i \cdot g_i \in W(a)$$

ist, kann dann nach Satz 6 $F(a)$ nicht in $M(F(A), f)$ liegen. Da nach Hilfssatz 2 $f^*(M)$ konvexe Hülle ihrer Extremalpunkte ist, läßt sich nach Hilfssatz 1 für $K = R$ der Nullvektor als konvexe Linearkombination von höchstens $d(a) + 1$ (bzw. $2d(a) + 1$ für $K = C$) Extremalpunkten von $f^*(M)$ darstellen. Nach dem Hilfssatz zu Satz 5 sind die Extremalpunkte von $f^*(M)$ aber Bilder von Extremalpunkten von M. Die Extremalpunkte von M sind aber auch Extremalpunkte von S^*. Also gibt es r mit $1 \leq r \leq d(a) + 1$ (bzw. für $K = C$ $1 \leq r \leq 2d(a) + 1$) Extremalpunkte $L_1, L_2, \ldots, L_r$ aus S^*, die in M liegen, und r positive Zahlen $\alpha_1, \alpha_2, \ldots, \alpha_r$ mit

$$\alpha_1 + \alpha_2 + \ldots + \alpha_r = 1,$$

so daß

$$\sum_{i=1}^{r} \alpha_i \cdot (L_i(g_1), L_i(g_2), \ldots, L_i(g_{d(a)})) = 0$$

gilt. Mittels skalarer Multiplikation erhält man für alle

$$(c_1, c_2, \ldots, c_{d(a)}) \in K^{d(a)}$$

$$\sum_{i=1}^{r} \alpha_i \cdot L_i(\sum_{j=1}^{d(a)} c_j \cdot g_j) = 0,$$

woraus sich unmittelbar die Behauptung ergibt.

Dieser Satz besagt auch, daß man in Satz 6 die Menge D_a durch eine endliche Teilmenge von D_a ersetzen kann, wenn A offene Teilmenge des K^n ist.

Korollar 1 (I. SINGER [19]): Sei V n-dimensionaler Unterraum von X. Sei $h_0 \in M(V, f)$. Dann gibt es r mit $1 \le r \le n+1$ für $K = R$ (bzw. $1 \le r \le 2n+1$ für $K = C$) Extremalpunkte $L_1, L_2, \ldots, L_r \in S^*$ mit

$$L_i(f - h_0) = \varrho(f - h_0), \qquad i = 1, 2, \ldots, r,$$

und r positive Zahlen $\alpha_1, \alpha_2, \ldots, \alpha_r$ mit

$$\alpha_1 + \alpha_2 + \ldots + \alpha_r = 1,$$

so daß für alle $h \in V$

$$\sum_{i=1}^{r} \alpha_i \cdot L_i(h) = 0$$

gilt.

Beweis: Sei $A = K^n$. K^n ist topologisch isomorph V. Ist F die identische Abbildung von V in X, so ist $W(a) = V$, und mit Satz 7 folgt dann die Behauptung.

Korollar 2: Sei $A \subset K^n$, und es gelte I_2. Ist $F(a) \in M(F(A), f)$, so gibt es ein lineares Funktional $L \in S^*$ mit

1. $L((c, \text{grad } F(a))) = 0$ für alle $c \in K^n$,
2. $L(f - F(a)) = \varrho(f - F(a))$.

Beweis: Das lineare Funktional

$$L(g) := \alpha_1 \cdot L_1(g) + \alpha_2 \cdot L_2(g) + \ldots + \alpha_r \cdot L_r(g)$$

auf X ist aus S^* und hat nach Satz 7 die Eigenschaften 1 und 2.

Beispiel zu Satz 7: Sei $X = C(B)$ über R mit der Tschebyscheff-Norm. Ist $F(a) \in M(F(A), f)$, so gibt es r mit $1 \le r \le d(a)+1$ Punkte $x_1, x_2, \ldots, x_r$ aus B mit

$$|f(x_i) - F(a, x_i)| = \varrho(f - F(a)), \qquad i = 1, 2, \ldots, r,$$

und r positive Zahlen $\alpha_1, \alpha_2, \ldots, \alpha_r$, deren Summe 1 ist, mit der Eigenschaft, daß für alle $c \in R^n$

$$\sum_{i=1}^{r} \alpha_i (f(x_i) - F(a, x_i) \cdot ((c, \text{grad } F(a, x_i))) = 0 \tag{10}$$

gilt.

Anwendung des Beispiels (Satz von G. MEINARDUS [9]): Sei B das abgeschlossene Intervall $[\alpha, \beta]$. Jede Funktion aus $W(a)$ habe höchstens $d(a) - 1$ Nullstellen, wenn sie nicht identisch verschwindet. Ist $F(a, x)$ aus $M(F(A), f)$, so gibt es eine Alternante der Länge $d(a) + 1$, das heißt, es gibt $d(a) + 1$ Punkte $x_i \in [\alpha, \beta]$, $i = 1, 2, \ldots, d(a) + 1$, mit

$$\alpha \le x_1 < x_2 \ldots < x_{d(a)+1} \le \beta$$

mit

$$\varrho_{F(A)}(f) = |f(x_i) - F(a, x_i)|, \qquad i = 1, 2, \ldots, d(a)+1,$$

und mit

$$\text{sign}(f(x_i) - F(a, x_i)) = -\text{sign}(f(x_{i+1}) - F(a, x_{i+1})), \quad i = 1, 2, \ldots, d(a).$$

Beweis: Weil $W(a)$ der Haarschen Bedingung genügt, ergibt sich aus (10), daß $r = d(a) + 1$ ist. Wegen der Gültigkeit der Haarschen Bedingung für $W(a)$ gibt es eine Funktion $(c_0, \operatorname{grad} F(a, x)) \in W(a)$, die an zwei aufeinander folgenden Punkten x_i, x_{i+1} ungleich Null ist und an den anderen Stellen

$$x_1, x_2, \ldots, x_{i-1}, x_{i+2}, x_{i+3}, \ldots, x_{d(a)+1}$$

gleich Null ist. Diese Funktion kann dann zwischen x_i und x_{i+1} keine Nullstelle mehr haben. Aus der Gleichung

$$\sum_{i=1}^{d(a)+1} \alpha_i(f(x_i) - F(a, x_i)) \cdot (c_0, \operatorname{grad} F(a, x_i)) = 0$$

folgt dann

$$\operatorname{sign}(f(x_i) - F(a, x_i)) = -\operatorname{sign}(f(x_{i+1}) - F(a, x_{i+1})),$$

was zu zeigen war.

2.2 Charakterisierung von Minimallösungen

Im letzten Abschnitt sind notwendige Bedingungen für Minimallösungen gefunden worden, die sich ohne zusätzliche Voraussetzungen über das Approximationsproblem nicht als hinreichend erweisen, wie auch das folgende Beispiel zeigt.

Seien $X = R^2$ mit der euklidischen Norm, $A = \{a \in R^1 | -\frac{1}{2} < a < \frac{1}{2}\}$, $F(a) = (a, \sqrt[+]{1 - 2a^2})$ und $f = (0, 0)$. Es ist dann

$$\varrho(f - F(a)) = \sqrt[+]{1 - a^2}.$$

Für $L \in D_a$ gilt dann

$$L(\varphi_a(b)) = a \cdot b.$$

Nur für $a = 0$ gilt deshalb für jedes $b \in R^1$

$$L(\varphi_a(b)) = 0.$$

Es ist aber $F(0)$ nicht in $M(F(A), f)$.

Im folgenden gelte stets die Voraussetzung II:

α) es gilt I_1,

β) $\varrho(f - F(a))$ ist konvexe Funktion von a auf A.

Ist A konvexe Teilmenge von X und ist F die identische Abbildung von X auf X, so gilt II. Also enthält das jetzt betrachtete Approximationsproblem insbesondere das lineare Approximationsproblem. Ferner ist das hier betrachtete Approximationsproblem im allgemeinen konvexen Approximationsproblem nicht enthalten, wie das folgende Beispiel zeigt.

Sei $X = C[-1, 1]$ mit der Tschebyscheff-Norm. Dann seien $A = R^1$, $f(x) = -1$ und $F(a, x) = a^2 + 2a \cdot x$. Man erhält

$$\varrho(f - F(a)) = \begin{cases} (1 + a)^2 & a \geq 0 \\ (1 - a)^2 & a < 0. \end{cases}$$

Also ist $\varrho(f - F(a))$ eine konvexe Funktion von a. Damit gilt II.
$F(A)$ ist aber keine konvexe Teilmenge von $C[-1, 1]$, denn für $a \neq 0$ gilt

$$\tfrac{1}{2}(F(0, x) + F(a, x)) \notin F(A).$$

Nun gilt der folgende Charakterisierungssatz.

Satz 8: Es gelte II. $F(a)$ ist dann und nur dann Minimallösung für f bezüglich $F(A)$, wenn für jedes $c \in A$ ein $L \in D_a$ existiert mit

$$\operatorname{Re} L(\varphi_a(c-a)) \leq 0. \tag{11}$$

Beweis: Ist $F(a) \in M(F(A), f)$, so folgt nach Satz 5, daß es zu jedem $c \in A$ ein $L \in D_a$ gibt, so daß (11) gilt.

Jetzt gebe es für jedes $c \in A$ ein $L \in D_a$ mit (11). Ist $F(a)$ nicht aus $M(F(A), f)$, so gibt es ein $b \in A$ mit

$$\varrho(f - F(b)) < \varrho(f - F(a)). \tag{12}$$

Da A konvex ist, erhält man für t mit $0 < t \leq 1$ aus II

$$\varrho(f - F(a + t(b-a))) \leq (1-t) \cdot \varrho(f - F(a)) + t \cdot \varrho(f - F(b)),$$

und setzt man für diese t

$$\delta(t) := \frac{1}{t}(F(a + t(b-a)) - F(a)) - \varphi_a(b-a),$$

so folgt

$$\lim_{t \to +0} \varrho(\delta(t)) = 0. \tag{13}$$

Jetzt kann man für alle $L \in D_a$ und alle $t \in (0, 1]$ die folgende Abschätzung durchführen:

$$\operatorname{Re}(L(\varphi_a(b-a) + \delta(t))) = \frac{1}{t} \operatorname{Re}(L(F(a + t(b-a)) - F(a))$$

$$= \frac{1}{t} \operatorname{Re}(L(f - F(a)) - L(f - F(a + t(b-a))))$$

$$\geq \frac{1}{t}(\varrho(f - F(a)) - \varrho(f - F(a + t(b-a))))$$

$$\geq \varrho(f - F(a)) - \varrho(f - F(b)).$$

Aus dieser Abschätzung folgt mit (12) und (13), daß für alle $L \in D_a$

$$\operatorname{Re} L(\varphi_a(b-a)) > 0$$

gilt, was ein Widerspruch zur Voraussetzung ist.

Ist A überdies offen, so gilt der

Satz 9: Es gelte II, und A sei offen. $F(a)$ ist genau dann Minimallösung für f bezüglich $F(A)$, wenn es für jedes $c \in Y$ ein $L \in D_a$ gibt mit

$$\operatorname{Re} L(\varphi_a(c)) \leq 0.$$

Der Beweis verläuft ebenso wie der Beweis zu Satz 8, nur wird statt Satz 5 der Satz 6 ausgenutzt.

Korollar: Es gelte II. A sei offene Teilmenge des K^n. $F(a)$ ist genau dann aus $M(F(A), f)$, wenn es r mit $1 \leq r \leq d(a) + 1$ für $K = R$ (bzw. $1 \leq r \leq 2d(a) + 1$ für $K = C$) Elemente $L_1, L_2, \ldots, L_r \in D_a$ und r positive Zahlen $\alpha_1, \alpha_2, \ldots, \alpha_r$ mit

$$\alpha_1 + \alpha_2 + \ldots + \alpha_r = 1$$

gibt, so daß für alle $c \in K^n$

$$\sum_{i=1}^{r} \alpha_i \cdot L_i((c, \operatorname{grad} F(a))) = 0$$

gilt.

Beweis: Mit Satz 7 und Satz 9 ergibt sich die Behauptung.

Bemerkung: Für den Spezialfall, daß A linearer Unterraum von X ist, und daß F die identische Abbildung von X auf X ist, ergibt sich ein Ergebnis von I. SINGER [19].

Beispiele zu Satz 8 und Satz 9:

1. X sei Hilbert-Raum mit dem Skalarprodukt $(,)$. Es gelte II. Es ist $F(a) \in M(F(A), f)$ genau dann, wenn für alle $c \in A$

$$\operatorname{Re}(\varphi_a(c-a), f - F(a)) \leq 0 \qquad (14)$$

gilt.

Durch spezielle Wahl von A und F vereinfacht sich (14).

α) Sei A offen. $F(a)$ ist genau dann aus $M(F(A), f)$, wenn für alle $c \in Y$

$$(\varphi_a(c), f - F(a)) = 0$$

gilt.

β) Ist $A \subset X$ und ist F die identische Abbildung von X auf X, so ist $h_0 \in A$ genau dann aus $M(A, f)$, wenn für alle $h \in A$

$$\operatorname{Re}(h - h_0, f - h_0) \leq 0 \qquad (15)$$

gilt.

Ist insbesondere A linearer Unterraum von X, so vereinfacht sich (15) zu

$$(h, f - h_0) = 0.$$

2. Sei $X = C(B)$ mit der Tschebyscheff-Norm. Es gelte II. $F(a)$ ist genau dann aus $M(F(A), f)$, wenn für alle $c \in A$

$$\operatorname*{Min}_{x \in D} \operatorname{Re} \overline{(f(x) - F(a, x))} \cdot \varphi_a(c - a, x) \leq 0$$

gilt, wobei

$$D = \{x \in B \mid |f(x) - F(a, x)| = \varrho(f - F(a))\}$$

ist.

Speziell erhält man für den Fall, daß A linearer Unterraum von X und F die identische Abbildung von X auf X sind, den Charakterisierungssatz von A. N. KOLMOGOROFF [6].

3. Sei $X = L^p(I)$ mit $1 \leq p < \infty$ der in Beispiel 4 zu Satz 2 definierte normierte Raum. Es gelte II.

α) Sei $p > 1$. $F(a)$ ist genau dann aus $M(F(A), f)$, wenn für alle $c \in A$

$$\operatorname{Re}(\int_I \overline{(f(t) - F(a, t))} \cdot |f(t) - F(a, t)|^{p-2} \cdot \varphi_a(c - a, t) \, dt) \leq 0$$

gilt.

Ist speziell A linearer Unterraum von X und ist F die identische Abbildung von X auf X, so ist $h_0 \in A$ dann und nur dann aus $M(A, f)$, wenn für alle $h \in A$

$$\int_I \overline{(f(t) - h_0(t))} \cdot |f(t) - h_0(t)|^{p-2} \cdot h(t)\, dt = 0$$

gilt.

β) Sei $p = 1$. $F(a)$ ist genau dann aus $M(F(A), f)$, wenn für alle $c \in A$

$$\operatorname{Re}\left(\int_{I-E_0} \operatorname{sign}(f(t) - F(a, t)) \cdot \varphi_a(c - a, t)\, dt\right) \leq \int_{E_0} |\varphi_a(c - a, t)|\, dt \quad (16)$$

gilt, wobei

$$E_0 = \{x \in I \mid f(x) = F(a, x)\}$$

ist.

Ist speziell das Maß von E_0 gleich Null, so vereinfacht sich (16) zu

$$\operatorname{Re}\left(\int_I \operatorname{sign}(f(t) - F(a, t)) \cdot \varphi_a(c - a, t)\, dt\right) \leq 0.$$

Für den Spezialfall, daß $K = R$ und $A = R^n$ gelten, ergibt sich ein Charakterisierungssatz von J. RICE [13]:

$F(a)$ ist genau dann aus $M(F(A), f)$, wenn für alle $c \in R^n$

$$\left|\int_{I-E_0} \operatorname{sign}(f(t) - F(a, t)) \cdot (c, \operatorname{grad} F(a, t))\, dt\right| \leq \int_{E_0} |(c, \operatorname{grad} F(a, t))|\, dt$$

gilt.

Ist das Maß von E_0 gleich Null, so vereinfacht sich obige Ungleichung zu

$$\int_I \operatorname{sign}(f(t) - F(a, t)) \cdot (c, \operatorname{grad} F(a, t))\, dt = 0.$$

J. RICE bemerkt in [13], daß die Frage nach der eindeutigen Lösbarkeit des nichtlinearen L^1-Approximationsproblems völlig offen ist. Als Spezialfall des folgenden Satzes ergibt sich ein hinreichendes Kriterium für die eindeutige Lösbarkeit des nichtlinearen L^1-Approximationsproblems.

Satz 10: Gelte II.

α) Gibt es für jedes $c \in A - \{a\}$ ein $L \in D_a$ mit

$$\operatorname{Re} L(\varphi_a(c - a)) < 0,$$

so ist $F(a)$ einzige Minimallösung für f bezüglich $F(A)$.

β) A sei offen. Gibt es für jedes $c \in A - \{0\}$ ein $L \in D_a$ mit

$$\operatorname{Re} L(\varphi_a(c)) < 0,$$

so ist $F(a)$ einzige Minimallösung für f bezüglich $F(A)$.

Beweis: Für α) ergibt sich nach Satz 8 und für β) nach Satz 9, daß $F(a)$ aus $M(F(A), f)$ ist. Sei $F(b)$ ein weiteres Element von $M(F(A), f)$. Dann ist wegen II auch

$$F(a + t(b - a)) \in M(F(A), f)$$

für alle $t \in [0, 1]$. Deshalb folgt für alle $L \in D_a$

$$L(f - F(a)) \geq |L(f - F(a + t(b - a)))|.$$

Ist $\delta(t)$ wie im Beweis von Satz 8 definiert, so erhält man für alle $L \in D_a$ und $t \in (0, 1]$

$$\operatorname{Re} L(\varphi_a(b-a)) = \frac{1}{t} \operatorname{Re}\left(L(F(a+t(b-a)) - F(a)) - L(\delta)\right) \cdot t)$$

$$\geq \frac{1}{t} \left(L(f - F(a)) - |L(f - F(a + t(b-a)))|\right)$$

$$- \operatorname{Re} L(\delta(t)) \geq - \operatorname{Re} L(\delta(t)).$$

Wegen (13) folgt für alle $L \in D_a$

$$\operatorname{Re} L(\varphi_a(b-a)) \geq 0,$$

woraus sich nach der Voraussetzung des Satzes $b = a$ ergibt.

Beispiel: Sei $X = L^1(I)$, und es gelte II. Gilt dann in (16) für alle $c \in A - \{a\}$ das Ungleichheitszeichen, so ist $F(a)$ einzige Minimallösung für f bezüglich $F(A)$.

2.3 Charakterisierung einer Menge von Minimallösungen

Im folgenden soll angestrebt werden, notwendige und hinreichende Bedingungen dafür anzugeben, wann eine Teilmenge von $F(A)$ eine Menge von Minimallösungen für f bezüglich $F(A)$ ist. Dazu werde die folgende Voraussetzung über $F(A)$ gemacht.

III. α) Es gelte I_2, und A sei in K^n enthalten.

β) Für jedes $(a, b) \in A \times A$ gibt es ein $c \in K^n$, so daß für alle $L \in e(S^*)$

$$\operatorname{sign} L(F(b) - F(a)) = \operatorname{sign} L((c, \operatorname{grad} F(a)))$$

gilt.

Beispiele:

1. Seien $g_1, g_2, \ldots, g_n$ linear unabhängige Elemente von X und

$$F(a) = \sum_{i=1}^{n} a_i \cdot g_i.$$

Weil dann

$$F(b) - F(a) = (b - a, \operatorname{grad} F(a))$$

ist, gilt III, wenn A offen in K^n ist. Also ist bei linearer Approximation mit endlichdimensionalen Unterräumen III stets gültig.

2. Sei $K = R$. Seien wieder $g_1, g_2, \ldots, g_n$ linear unabhängige Elemente von X, A offene Teilmenge des R^n und

$$f_i(a_1, a_2, \ldots, a_n), \qquad i = 1, 2, \ldots, n,$$

n-reellwertige Funktionen auf A, die nach allen Veränderlichen stetig partiell differenzierbar sind. Ferner sei die Funktionaldeterminante

$$\det\left(\frac{\partial f_i}{\partial a_j}\right), \qquad \begin{matrix} i = 1, 2, \ldots, n \\ j = 1, 2, \ldots, n \end{matrix},$$

für alle $a \in A$ von Null verschieden. Ist

$$F(a) = \sum_{i=1}^{n} f_i(a_1, a_2, \ldots, a_n) \cdot g_i,$$

dann ist Bedingung III erfüllt, denn für jedes $(a, b) \in A \times A$ ist das Gleichungssystem

$$\sum_{i=1}^{n} c_i \frac{f_j(a_1, a_2, \ldots, a_n)}{a_i} = f_j(b_1, b_2, \ldots, b_n) - f_j(a_1, a_2, \ldots, a_n),$$
$$j = 1, 2, \ldots, n,$$

eindeutig auflösbar, und es gibt damit für jedes $(a, b) \in A \times A$ ein $c \in R^n$ mit

$$F(b) - F(a) = (c, \operatorname{grad} F(a)).$$

3. Sei $X = C(B)$ mit der Tschebyscheff-Norm. Hierfür heißt die Voraussetzung III, β):

Zu jedem $(a, b) \in A \times A$ gibt es ein $c \in K^n$ mit

$$\operatorname{sign}(F(b, x) - F(a, x)) = \operatorname{sign}(c, \operatorname{grad} F(a, x))$$

für alle $x \in B$.

Nach G. MEINARDUS [9] heißt eine Menge $F(A) \subset C(B)$ asymptotisch konvex, wenn es zu jedem $(a, b) \in A \times A$ und zu jedem $t \in [0, 1]$ einen Parameter $a(t)$ aus A und eine auf $B \times [0, 1]$ stetige, reellwertige Funktion $g(x, t)$ mit $g(x, 0) > 0$ gibt, so daß

$$\varrho(t \cdot g(x, t) \cdot (F(b, x) - F(a, x)) - F(a(t), x) + F(a, x)) = o(t)$$

für $t \to 0$ gilt.

Gelten III, α), $a(t)$ stetig differenzierbar nach t und $a(0) = a$, so ergibt sich aus der asymptotischen Konvexität

$$\operatorname{sign}(F(b, x) - F(a, x)) = \operatorname{sign}\left(\left.\frac{d\, a(t)}{dt}\right|_{t=0}, \operatorname{grad} F(a, x)\right).$$

Also gilt III.

Seien $\tilde{A} \subset A$ und $\tilde{M} := \{F(a) \in X \mid a \in \tilde{A}\}$, so gilt nun der folgende Charakterisierungssatz für Mengen von Minimallösungen.

Satz 11: Es gelte III. Eine Menge $\tilde{M} \subset F(A)$ ist dann und nur dann eine Menge von Minimallösungen für f bezüglich $F(A)$, wenn es für jedes $(a, c) \in \tilde{A} \times K^n$ ein

$$L \in \bigcap_{b \in \tilde{A}} D_b$$

gibt mit

$$\operatorname{Re} L((c, \operatorname{grad} F(a))) \leq 0.$$

Beweis: Zunächst werde der Beweis in der Richtung »$\Leftarrow$« geführt. Sei $F(a) \in \tilde{M}$. Dann gibt es zu jedem $c \in K^n$ ein $L \in D_a$ mit

$$\operatorname{Re} L((c, \operatorname{grad} F(a))) \leq 0.$$

Also gibt es nach III zu jedem $b \in A$ ein $L \in D_a$ mit

$$\operatorname{Re} L(F(b) - F(a)) \leq 0.$$

Dann ist $F(a) \in M(F(A), f)$, denn aus der letzten Ungleichung folgt

$$\operatorname{Re} L(f - F(a)) \leq \operatorname{Re} L(f - F(b)),$$

und weil $L \in D_a$ ist, ergibt sich für alle $b \in A$

$$\varrho(f - F(a)) \leq \varrho(f - F(b)).$$

Sei nun $\tilde{M} \in M(F(A), f)$. Sind $F(a), F(b) \in \tilde{M}$, so gilt für alle $L \in D_a$

$$\operatorname{Re} L(F(b) - F(a)) \geq 0, \tag{17}$$

denn würde für ein $L \in D_a$

$$\operatorname{Re} L(F(b) - F(a)) < 0$$

gelten, dann wäre dafür

$$\operatorname{Re} L(f - F(b)) > L(f - F(a)),$$

woraus

$$\varrho(f - F(b)) > \varrho(f - F(a))$$

folgen würde. Nach III gibt es nun ein $\tilde{c} \in K^n$ mit

$$\operatorname{sign} L(F(b) - F(a)) = \operatorname{sign} L((\tilde{c}, \operatorname{grad} F(a)))$$

für alle $L \in e(S^*)$. Für alle $L \in D_a$ gilt dann wegen (17)

$$\operatorname{Re} L((\tilde{c}, \operatorname{grad} F(a))) \leq 0. \tag{18}$$

Weil $F(a) \in M(F(A), f)$ ist, gilt nach Satz 7 für alle $c \in K^n$

$$\sum_{i=1}^{r} \alpha_i \cdot L_i((c, \operatorname{grad} F(a))) = 0$$

mit geeignetem r, positiven α_i und mit $L_i \in D_a$.

Deshalb gilt

$$\sum_{i=1}^{r} \alpha_i \cdot \operatorname{Re} L_i((\tilde{c}, \operatorname{grad} F(a))) = 0,$$

woraus sich wegen (18)

$$\operatorname{Re} L_i((\tilde{c}, \operatorname{grad} F(a))) = 0, \quad i = 1, 2, \ldots, r,$$

ergibt. Also ist für jedes Element $F(b) \in M(F(A), f)$

$$\operatorname{Re} L_i(F(b)) = \operatorname{Re} L_i(F(a)), \quad i = 1, 2, \ldots, r.$$

Damit wird für $i = 1, 2, \ldots, r$

$$\varrho(f - F(b)) = L_i(f - F(a)) = \operatorname{Re} L_i(f - F(a)) = \operatorname{Re} L_i(f - F(b)).$$

Würde nun für ein i mit $1 \leq i \leq r$

$$\operatorname{Im} L_i(f - F(b)) \neq 0$$

gelten, so wäre

$$\varrho(f - F(b)) < |L_i(f - F(b))| \leq \varrho(f - F(b)).$$

Damit ergibt sich

$$L_i(F(a)) = L_i(F(b)), \quad i = 1, 2, \ldots, r.$$

Also gilt für jedes $b \in \tilde{A}$

$$L_1, L_2, \ldots, L_r \in D_a \cap D_b,$$

das heißt, es gilt
$$L_1, L_2, \ldots, L_r \in \bigcap_{b \in \tilde{A}} D_b.$$
Hieraus ergibt sich mit Satz 7 das, was zu zeigen war.

Beispiel: Sei $X = C(B)$ mit der Tschebyscheff-Norm. Gelte III.
$\tilde{M} \subset F(A)$ ist dann und nur dann eine Menge von Minimallösungen für f bezüglich $F(A)$, wenn für alle $a \in \tilde{A}$ und alle $c \in K^n$
$$\operatorname*{Min}_{x \in D} \operatorname{Re} \overline{(f(x) - F(a, x))} \cdot (c, \operatorname{grad} F(a, x)) \leq 0$$
gilt mit
$$D := \bigcap_{b \in \tilde{A}} \{x \in B \mid |f(x) - F(b, x)| = \varrho(f - F(b))\}.$$
Bemerkung zum Beispiel: Besteht speziell $\tilde{M}$ nur aus einem Element, so ergibt sich eine Verallgemeinerung des Charakterisierungssatzes von A. N. KOLMOGOROFF [6].

Korollar: Gelte III. Dann sind die folgenden Aussagen äquivalent.

1. $F(a) \in M(F(A), f)$.
2. Zu jedem $c \in K^n$ gibt es ein $L \in D_a$ mit
$$\operatorname{Re} L((c, \operatorname{grad} F(a))) \leq 0.$$
3. Es gibt r Elemente $L_1, L_2, \ldots, L_r \in D_a$ mit $1 \leq r \leq d(a) + 1$ für $K = R$ (bzw. $1 \leq r \leq 2\, d(a) + 1$ für $K = C$) und r positive Zahlen $\alpha_1, \alpha_2, \ldots \alpha_r$, deren Summe 1 ist, so daß für alle $c \in K^n$
$$\sum_{i=1}^{r} \alpha_i \cdot L_i((c, \operatorname{grad} F(a))) = 0$$
gilt.

Beweis: 1. ist nach Satz 11 äquivalent zu 2. Aus 1. folgt 3. nach Satz 7. Aus 3. folgt 2. und damit 1.

3. Über die Dimension der Menge der Minimallösungen bei der Tschebyscheff-Approximation im Raum $C_s(B)$

Für den in Beispiel 3 zu Satz 2 definierten Raum $C_s(B)$ mit der Norm
$$\varrho(g) = \operatorname*{Max}_{x \in B} \sqrt[+]{(g(x), g(x))}$$
soll nun die Menge der Minimallösungen für f bezüglich eines N-dimensionalen, linearen Unterraumes V_N von $C_s(B)$ näher untersucht werden. Die kompakte Menge B enthalte mindestens $n + 1$ Punkte, und die Elemente von $C_s(B)$ nennt man Vektorfunktionen.

Zunächst seien drei bekannte Sätze zitiert.

Satz A (M. G. Krein und S. I. Zuhovickij [8], G. Meinardus [9]): Sei $N = n \cdot s$. Zu jedem $f \in C_s(B)$ gibt es genau dann eine und nur eine Minimallösung für f bezüglich V_N, wenn jedes $h(x) \in V_N$ höchstens $n-1$ Nullstellen hat oder identisch verschwindet.

Satz B (S. B. Steckin und S. I. Zuhovickij [21]): (Dieser Satz wird in [21] ohne Beweis angegeben.) Sei $(n-1) \cdot s < N < n \cdot s$. Zu jedem $f \in C_s(B)$ gibt es genau dann eine und nur eine Minimallösung für f bezüglich V_N, wenn die beiden folgenden Bedingungen gelten:

1. Jedes $h(x) \in V_N$ hat höchstens $n-1$ Nullstellen oder verschwindet identisch.

2. Zu je $n-1$ verschiedenen Punkten $x_1, x_2, \ldots, x_{n-1}$ aus B und je $n-1$ Vektoren $b_1, b_2, \ldots, b_{n-1}$ aus K^s gibt es mindestens eine Vektorfunktion $h(x) \in V_N$ mit
$$h(x_i) = b_i, \qquad i = 1, 2, \ldots, n-1.$$

Für den folgenden Satz ist eine Definition nötig.

Definition: Sei $M \subset V_N$. Es gebe $k+1$ aber nicht mehr Elemente $h_0, h_1, \ldots, h_k$ von M, die die Eigenschaft haben, daß die
$$h_1 - h_0, h_2 - h_0, \ldots, h_k - h_0$$
linear unabhängig sind. Dann heiße k die Dimension von M.

Für die Tschebyscheff-Approximation stetiger reell- oder komplexwertiger Funktionen auf dem Kompaktum B gibt S. Romanova [15] die folgende Verallgemeinerung des Haarschen Eindeutigkeitssatzes an.

Satz C: Sei $0 \leq k \leq n-1$. Für jedes $f \in C(B)$ ist die Dimension der Menge aller Minimallösungen für f bezüglich V_n höchstens gleich k genau dann, wenn je $k+1$ linear unabhängige Funktionen aus V_n höchstens $n-k-1$ gemeinsame Nullstellen haben.

Es soll nun ein Satz bewiesen werden, der die Sätze A, B und C als Spezialfälle enthält.

Satz 12: Seien $(n-1) \cdot s < N \leq n \cdot s$ und $0 \leq k \leq n-1$. Dann und nur dann ist für jedes $f \in C_s(B)$ die Menge der Minimallösungen für f bezüglich V_N höchstens von der Dimension $k \cdot s$, wenn die folgenden Bedingungen gelten:

1. Je $k \cdot s + 1$ linear unabhängige Vektorfunktionen aus V_N haben höchstens $n-k-1$ gemeinsame Nullstellen.

2. Ist $0 \leq k < n-1$, so gibt es zu je $n-k-1$ Punkten $x_1, x_2, \ldots, x_{n-k-1}$ von B und je $n-k-1$ Vektoren $b_1, b_2, \ldots, b_{n-k-1}$ aus K^s mindestens ein $h(x) \in V_N$, so daß
$$h(x_i) = b_i, \qquad i = 1, 2, \ldots, n-k-1,$$
gilt.

Bemerkung: Ist $N = n \cdot s$, so ist Bedingung 2 überflüssig. Bevor der Satz bewiesen wird, wird ein einfacher Hilfssatz gezeigt.

Hilfssatz: Seien $(n-1) \cdot s < N \leq n \cdot s$ und $0 \leq k \leq n-1$. Ferner sei
$$g_i(x) = (g_{i1}(x), g_{i2}(x), \ldots, g_{is}(x)), \qquad i = 1, 2, \ldots, N,$$

eine Basis von V_N. Je $k \cdot s + 1$ linear unabhängige Vektorfunktionen aus V_N haben dann und nur dann $n - k - 1$ gemeinsame Nullstellen, wenn für je $n - k$ verschiedene Punkte $x_1, x_2, \ldots, x_{n-k}$ aus B für die Matrix

$$\mathfrak{B} = \begin{pmatrix} g_{11}(x_1) & g_{21}(x_1) & \cdots\cdots\cdots & g_{N1}(x_1) \\ g_{12}(x_1) & & & \vdots \\ \vdots & & & \vdots \\ g_{1s}(x_1) & & & \vdots \\ g_{11}(x_2) & & & \vdots \\ \vdots & & & \vdots \\ g_{1s}(x_{n-k}) & \cdots\cdots\cdots\cdots & & g_{Ns}(x_{n-k}) \end{pmatrix}$$

$$\operatorname{rg}(\mathfrak{B}) \geq N - k \cdot s$$

gilt.

Beweis: Ist der Rang von $\mathfrak{B}$ kleiner oder gleich $N - k \cdot s - 1$, so hat das Gleichungssystem

$$\sum_{j=1}^{N} a_j \cdot g_{ji}(x_\tau) = 0, \quad \begin{array}{l} \tau = 1, 2, \ldots, n-k \\ i = 1, 2, \ldots, s \end{array},$$

mindestens $k \cdot s + 1$ linear unabhängige Lösungen, und folglich gibt es $k \cdot s + 1$ linear unabhängige Vektorfunktionen aus V_N mit $n - k$ gemeinsamen Nullstellen.

Haben andererseits $k \cdot s + 1$ linear unabhängige Vektorfunktionen

$$g_i(x) = \sum_{j=1}^{N} a_{ij} \cdot g_j(x), \quad i = 1, 2, \ldots, k \cdot s + 1,$$

$n - k$ gemeinsame Nullstellen $x_1, x_2, \ldots, x_{n-k}$ aus B, so hat das Gleichungssystem

$$\sum_{j=1}^{N} a_j \cdot g_{ji}(x_\tau) = 0, \quad \begin{array}{l} \tau = 1, 2, \ldots, n-k \\ i = 1, 2, \ldots, s \end{array},$$

mindestens $k \cdot s + 1$ linear unabhängige Lösungen, woraus sich $\operatorname{rg}(\mathfrak{B}) \leq N - k \cdot s - 1$ ergibt. Damit ist alles bewiesen.

Ist $N = n \cdot s$, so sieht man mit dem Hilfssatz, daß

$$\operatorname{rg}(\mathfrak{B}) = (n - k) \cdot s$$

ist, wenn Bedingung 1 des Satzes 12 gilt. Deshalb ist dann für $0 \leq k < n - 1$ und $n - k - 1$ verschiedene Punkte $x_1, x_2, \ldots, x_{n-k-1}$ aus B

$$\operatorname{rg} \begin{pmatrix} g_{11}(x_1) & g_{21}(x_1) & \cdots\cdots\cdots & g_{N1}(x_1) \\ g_{12}(x_1) & & & \vdots \\ \vdots & & & \vdots \\ g_{1s}(x_1) & & & \vdots \\ g_{11}(x_2) & & & \vdots \\ \vdots & & & \vdots \\ g_{1s}(x_{n-k-1}) & \cdots\cdots\cdots\cdots & & g_{Ns}(x_{n-k-1}) \end{pmatrix} = s(n - k - 1),$$

woraus sich sofort Bedingung 2 von Satz 12 ergibt. Also stimmt die Bemerkung zu Satz 12, wenn man den Satz 12 als richtig voraussetzt.

Beweis von Satz 12: Gelten zunächst 1. und 2. Ist $h_0(x) \in M(V_N, f)$, so gibt es mindestens $n - k$ verschiedene Punkte aus B, so daß für alle diese $x \in B$

$$\varrho(f - h_0) = \sqrt[+]{(f(x) - h_0(x), f(x) - h_0(x))}$$

gilt. Denn gibt es weniger solche Punkte, so erhält man für $k = n - 1$ sofort einen Widerspruch, und für $0 \leq k < n - 1$ gibt es wegen 2. ein $h(x) \in V_N$ mit

$$h(x_i) = f(x_i) - h_0(x_i)$$

für alle diese Punkte x_i. Deshalb würde dann für alle diese x_i

$$\text{Re}\,(h(x_i), f(x_i) - h_0(x_i)) = (f(x_i) - h_0(x_i), f(x_i) - h_0(x_i)) > 0$$

gelten, und nach dem Beispiel zu Satz 3 kann $h_0(x)$ dann nicht aus $M(V_N, f)$ sein.

Ist die Dimension von $M(V_N, f)$ größer oder gleich $k \cdot s + 1$, so seien

$$h_0(x), h_1(x), \ldots, h_{ks+1}(x)$$

$k \cdot s + 2$ Elemente von $M(V_N, f)$ mit der Eigenschaft, daß die

$$h_1(x) - h_0(x), h_2(x) - h_0(x), \ldots, h_{ks+1}(x) - h_0(x)$$

linear unabhängig sind. Weil $M(V_N, f)$ konvex ist, ist auch

$$h^*(x) := \frac{1}{k \cdot s + 2} (h_0(x) + h_1(x) + \ldots + h_{ks+1}(x))$$

aus $M(V_N, f)$. Für $n - k$ geeignete Punkte $x_1, x_2, \ldots, x_{n-k}$ aus B gilt dann

$$\varrho_{V_N}(f) = \sqrt[+]{(f(x_i) - h^*(x_i), f(x_i) - h^*(x_i))}$$

$$\leq \frac{1}{k \cdot s + 2} \sum_{j=0}^{ks+1} (f(x_i) - h_j(x_i), f(x_i) - h_j(x_i))$$

$$\leq \varrho_{V_N}(f), \qquad i = 1, 2, \ldots, n - k.$$

Also gilt in den letzten beiden Ungleichungen das Gleichheitszeichen, und deshalb ist

$$f(x_i) - h_0(x_i) = f(x_i) - h_j(x_i), \qquad \begin{array}{l} i = 1, 2, \ldots, n - k \\ j = 1, 2, \ldots, k \cdot s + 1, \end{array}$$

woraus sich für diese i und j

$$h_j(x_i) - h_0(x_i) = 0$$

ergibt. Also gibt es $k \cdot s + 1$ linear unabhängige Vektorfunktionen aus V_N mit $n - k$ gemeinsamen Nullstellen, was Bedingung 1 widerspricht. Also ist die Dimension von $M(V_N, f)$ kleiner oder gleich $k \cdot s$.

Jetzt sei für jedes $f \in C_s(B)$ die Dimension von $M(V_N, f)$ kleiner oder gleich $k \cdot s$. Gilt 1. nicht, so ist nach dem Hilfssatz

$$\text{rg}\,(\mathfrak{B}) \leq N - k \cdot s - 1.$$

Deshalb gibt es $k \cdot s + 1$ linear unabhängige Vektorfunktionen

$$h_1(x), h_2(x), \ldots, h_{ks+1}(x)$$

aus V_N mit

$$\varrho(h_i) = 1, \qquad i = 1, 2, \ldots, k \cdot s + 1,$$

die an $n-k$ Punkten $x_1, x_2, \ldots, x_{n-k}$ von B gemeinsame Nullstellen haben. Weil

$$(n-k) \cdot s - (N - k \cdot s - 1) > 0$$

ist, hat das zur Transponierten von $\mathfrak{B}$ gehörige homogene Gleichungssystem

$$\sum_{\tau=1}^{n-k} \sum_{j=1}^{s} a_{\tau j} \cdot g_{ij}(x_\tau) = 0, \qquad i = 1, 2, \ldots, N,$$

eine nichttriviale Lösung

$$(b_{11}, b_{12}, \ldots, b_{1s}, b_{21}, b_{22}, \ldots, b_{n-k, s}).$$

Setzt man zur Abkürzung

$$b_\tau = (b_{\tau 1}, b_{\tau 2}, \ldots, b_{\tau s}), \qquad \tau = 1, 2, \ldots, n-k,$$

so gilt

$$\sum_{\tau=1}^{n-k} (g_i(x_\tau), \overline{b_\tau}) = 0, \qquad i = 1, 2, \ldots, N,$$

und damit für alle $h \in V_N$

$$\sum_{\tau=1}^{n-k} (h(x_\tau), \overline{b_\tau}) = 0. \tag{19}$$

Nun sei $f_0(x) \in C_s(B)$ eine Vektorfunktion mit den Eigenschaften:

a) $\quad \varrho(f_0) = 1,$

b) $\quad f_0(x_\tau) = \begin{cases} \dfrac{\overline{b_\tau}}{\sqrt{(b_\tau, b_\tau)}} & b_\tau \neq 0 \\ 0 & b_\tau = 0 \end{cases}, \qquad \tau = 1, 2, \ldots, n-k.$

Sei nun

$$f(x) = (1 - \delta \cdot \sum_{j=1}^{ks+1} \sqrt[+]{(b_j(x), b_j(x))}) \cdot f_0(x)$$

mit

$$\delta = (\operatorname{Max}_{x \in B} \sum_{j=1}^{ks+1} \sqrt[+]{(b_j(x), b_j(x))})^{-1}.$$

Dann ist $\varrho(f) = 1$, und deshalb gilt $\varrho_{V_N}(f) \leq 1$. Es gilt nun sogar $\varrho_{V_N}(f) = 1$. Wenn es nämlich ein $\tilde{h}(x) \in V_N$ gibt mit

$$\varrho(f - \tilde{h}) < 1,$$

dann erhält man für $\tau = 1, 2, \ldots, n-k$ aus der Ungleichung

$$1 > (f(x_\tau) - \tilde{h}(x_\tau), f(x_\tau) - \tilde{h}(x_\tau))$$

$$= \begin{cases} 1 + (\tilde{h}(x_\tau), \tilde{h}(x_\tau)) & b_\tau = 0 \\ 1 + (\tilde{h}(x_\tau), \tilde{h}(x_\tau)) - \dfrac{2 \operatorname{Re} (\tilde{h}(x_\tau), \overline{b_\tau})}{\sqrt{(b_\tau, b_\tau)}} & b_\tau \neq 0 \end{cases}$$

die Ungleichung

$$\sum_{\tau=1}^{n-k} \operatorname{Re} (h(x_\tau), \overline{b_\tau}) > 0,$$

die aber im Widerspruch zu (19) steht.

Jetzt erhält man für alle reellen oder komplexen Zahlen α_i mit $|\alpha_i| \leq 1$ und $i = 1, 2, \ldots, k \cdot s + 1$

$$\sqrt{(f(x) - \delta \cdot \sum_{j=1}^{ks+1} \alpha_j \cdot h_j(x), f(x) - \delta \cdot \sum_{j=1}^{ks+1} \alpha_j \cdot h_j(x))}$$

$$\leq \sqrt{(f(x), f(x))} + \delta \cdot \sum_{j=1}^{ks+1} \sqrt{(\alpha_j \cdot h_j(x), \alpha_j \cdot h_j(x))}$$

$$\leq \sqrt{(f_0(x), f_0(x))} \cdot (1 - \delta \cdot \sum_{j=1}^{ks+1} \sqrt{(h_j(x), h_j(x))}) + \delta \cdot \sum_{j=1}^{ks+1} |\alpha_j| \sqrt{(h_j(x), h_j(x))}$$

$$\leq 1 - \delta \cdot \sum_{j=1}^{ks+1} (1 - |\alpha_j|) \cdot \sqrt{(h_j(x), h_j(x))} \leq 1.$$

Also sind die $k \cdot s + 1$ linear unabhängigen Vektorfunktionen

$$\delta \cdot h_1(x), \delta \cdot h_2(x), \ldots, \delta \cdot h_{ks+1}(x)$$

aus $M(V_N, f)$, und da auch die Vektorfunktion $h_0(x) \equiv 0$ in $M(V_N, f)$ liegt, ist die Dimension von $M(V_N, f)$ größer oder gleich $k \cdot s + 1$, was der Voraussetzung widerspricht.

Seien jetzt $0 \leq k < n - 1$ und $(n - 1) \cdot s < N < n \cdot s$. Gilt 2. nicht, so gilt für geeignete $n - k - 1$ voneinander verschiedener Punkte $x_1, x_2, \ldots, x_{n-k-1}$ aus B

$$\mathrm{rg} \begin{pmatrix} g_{11}(x_1) & g_{12}(x_1) & \cdots & g_{N1}(x_1) \\ g_{12}(x_1) & & & \vdots \\ \vdots & & & \\ g_{1s}(x_1) & & & \vdots \\ g_{11}(x_2) & & & \vdots \\ \vdots & & & \\ g_{1s}(x_{n-k-1}) & \cdots & \cdots & g_{Ns}(x_{n-k-1}) \end{pmatrix} \leq s(n - k - 1) - 1.$$

Deshalb hat das homogene Gleichungssystem

$$\sum_{i=1}^{N} a_i \cdot g_{ij}(x_\tau) = 0, \qquad \begin{array}{l} \tau = 1, 2, \ldots, n - k - 1, \\ j = 1, 2, \ldots, s \end{array},$$

mindestens $k \cdot s + 1$ linear unabhängige Lösungen, und das transponierte System

$$\sum_{\tau=1}^{n-k-1} \sum_{j=1}^{s} a_{\tau j} \cdot g_{ij}(x_\tau) = 0, \qquad i = 1, 2, \ldots, N,$$

hat mindestens eine nichttriviale Lösung. Jetzt verläuft der Beweis, daß für geeignetes $f \in C_s(B)$ die Dimension von $M(V_N, f)$ größer oder gleich $k \cdot s + 1$ ist, ebenso wie der erste Teil des Beweises.

Korollar 1: Für $s = 1$ und $k = 0$ erhält man den Eindeutigkeitssatz von A. HAAR und A. N. KOLMOGOROFF [6].

Korollar 2: Für $k = 0$ ergeben sich Satz A und Satz B.

Korollar 3: Für $s = 1$ ergibt sich Satz C.

Literaturverzeichnis

[1] Buck, R. C., Linear Spaces and Approximation Theory. Erschienen in: On Numerical Approximation. Proc. Sympos. Wisconsin, Madison, 11–23 (1958).
[2] Caratheodory, C., Über den Variabilitätsbereich der Fourierschen Konstanten von positiven harmonischen Funktionen. Rend. Circ. Mat. Palermo 32, 193–217 (1911).
[3] Choquet, G., Sur la meilleure approximation dans les espaces vectoriels normés. Rev. math. pures appl. 8, 541/542 (1963).
[4] Collatz, L., Approximation von Funktionen bei einer und bei mehreren unabhängigen Veränderlichen. Z. Angew. Math. u. Mech. 36, 198–211 (1956).
[5] Eggleston, H. G., Convexity. Cambridge University Press (1958).
[6] Kolmogoroff, A. N., Eine Bemerkung zu den Polynomen von P. L. Tschebyscheff, die von einer gegebenen Funktion am wenigsten abweichen. Usp. Math. Nauk 3, 216–221 (1948) (Russisch).
[7] Köthe, G., Topologische lineare Räume I. Springer Verlag Göttingen (1960).
[8] Krein, M. G., und S. I. Zuhovickij, Bemerkung zu einer möglichen Verallgemeinerung der Sätze von A. N. Kolmogoroff und A. Haar. Usp. Math. Nauk 5, 217–229 (1950) (Russisch).
[9] Meinardus, G., Approximation von Funktionen und ihre numerische Behandlung. Springer Verlag Göttingen (1964).
[10] Meinardus, G., und D. Schwedt, Nicht-lineare Approximationen. Arch. f. Rat. Mech. and Anal. 17, 297–326 (1964).
[11] Moersund, G., Chebyshev Approximations of a Function and its Derivatives. Math. of Computation 18, 382–389 (1964).
[12] Rice, J., The Approximation of Functions. Addison-Wesley Publishing Company (1964).
[13] Rice, J., On Nonlinear L^1-Approximation. Arch. f. Rat. Mech. and Anal. 17, 61–66 (1964).
[14] Rivlin, T. J., und H. S. Shapiro, A Unified Approach to Certain Problems of Approximation and Minimisation. Journ. Soc. Industr. Appl. Math. 9, 670–699 (1961).
[15] Romanova, S., On the Dimension of Polyhedra of Best Approximation in the Space of Continuous Functions. Litowki. Math. Sb. 2, 181–191 (1963) (Russisch).
[16] Rubinstein, G. S., On a Method of Investigation of Convex Sets. Dokl. Akad. Nauk SSSR 102, 451–454 (1955) (Russisch).
[17] Singer, I., Caractérisation des éléments de meilleure approximation dans un espace de Banach quelconque. Act. Sci. Math. 17, 181–189 (1956).
[18] Singer, I., Choquet Spaces and Best Approximation. Math. Ann. 148, 330–340 (1962).
[19] Singer, I., On the Extension of Continuous Linear Functionals and Best Approximation in Normed Linear Spaces. Math. Ann. 159, 344–355 (1965).
[20] Singer, I., Some Remarks on Best Approximation in Normed Linear Spaces II. Rev. math. pures appl. 11, 799–807 (1966).
[21] Steckin, S. B., und S. I. Zuhovickij, On the Approximation of Abstract Functions. Amer. Math. Soc. Transl. 16, 401–406 (1960).
[22] Zuhovickij, S. I., On the Approximation of Real Functions in the Sense of P. L. Cebysev. Amer. Math. Soc. Transl. 19, 221–252 (1962).

GPSR Compliance
The European Union's (EU) General Product Safety Regulation (GPSR) is a set of rules that requires consumer products to be safe and our obligations to ensure this.

If you have any concerns about our products, you can contact us on

ProductSafety@springernature.com

In case Publisher is established outside the EU, the EU authorized representative is:

Springer Nature Customer Service Center GmbH
Europaplatz 3
69115 Heidelberg, Germany